第7册

数学超有趣 找规律

老渔／著

SPM 南方传媒 | 新世纪出版社
·广州·

前言

你们肯定想不到，在我小学时的一次数学考试中，我竟然拿到了103分！这可不是吹牛，我确实考出了比100分还多3分的成绩。这是怎么回事呢？事情是这样的：那次考试与以往不同，增加了20分"奥数附加题"。当时我第一次听到"奥数"这个词，并不理解它的含义，只记得"奥数附加题"很难，却很有趣，特别有挑战性。当我把全部附加题解答出来的时候，那种成就感，简直比玩一天游戏、吃一顿大餐还要快乐！

可以说我对数学和其他理科的兴趣，就是从解答奥数题开始的。越走近奥数，越能训练数学思维，这使我在面对小学数学，乃至初高中理科时更有信心。毕竟，大部分理科题，都有数学思维在起作用。

可是在我们那个年代，想要学好奥数并不容易，必须整天捧着一本满页文字和数学符号的课本。因此，大多数同学从一开始就被奥数的表象吓到了。如果有一套简单的奥数书，让大家都能感受到奥数的趣味，从此爱上数学，训练出出色的数学思维，那该多好啊！这套漫画书就是承载着我童年的小小愿望，飞跃了三十多年的时光出现在你们面前的。

真是遗憾，当年如果有这套书，估计全校至少一半的同学都能拿到那20分吧！希望小读者们能在我儿时梦想的书籍中，收获奥数的逻辑、数学的思维与求知的快乐！

老渔

2023年8月

目录

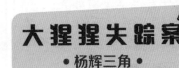
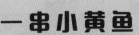

· 数独 ·

怎么又是胡萝卜鸡蛋馅饼！

妈妈出差后，我们已经连续吃了三天了。

胡萝卜鸡蛋馅饼怎么了？里面的胡萝卜是爷爷亲自种的，鸡蛋是爷爷家的金凤下的，既健康，又营养。

我现在说话都是胡萝卜鸡蛋味儿的！

我连放屁都是胡萝卜鸡蛋味儿的！

可是家里没别的吃的了……

要不我们出去吃比萨吧，正好很久没吃了。

好啊！我最喜欢吃比萨了！

老爸最好了！

新店开业大酬宾，答题赢免费比萨！

比萨店

今天开业大酬宾，答对谜题可以免费获得 12 寸的比萨。你们要试试吗？

看，答对题就能免费吃！ 12 寸呢，开心不开心？

怪不得要来吃比萨，原来打的是这个主意。

哎呀，这是意外，意外！先答题……

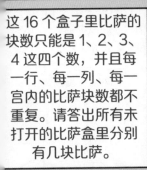

这 16 个盒子里比萨的块数只能是 1、2、3、4 这四个数，并且每一行、每一列、每一宫内的比萨块数都不重复。请答出所有未打开的比萨盒里分别有几块比萨。

这不就是数独嘛！

数独是什么？

数独的意思是"只出现一次的数"。在简单的 4×4 数独中，要保证每一行、每一列、每一宫都出现 1、2、3、4 这四个数，并且数字不能重复。

← 行

宫

列

5

老爸，那您会答吗？

那当然，我一分钟就能答出来！

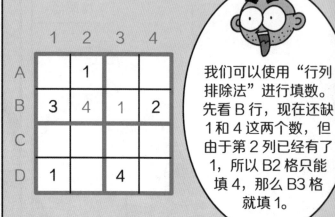

我们可以使用"行列排除法"进行填数。先看B行，现在还缺1和4这两个数，但由于第2列已经有了1，所以B2格只能填4，那么B3格就填1。

唯一数

接下来可以继续使用"行列排除法"和"唯一数法"，依次将所有空格填好。

胜利

恭喜三位答对了谜题！获得本店秋季限量款——12寸枫叶飘香大比萨。

枫叶飘香大比萨……听起来不错啊！

万岁！

数独

概念

数独的意思是"只出现一次的数"。

单元格：数独盘面中最小的格子，只能填入一个数；

行：横向的 4 个单元格的总称；

列：纵向的 4 个单元格的总称；

宫：粗线划分出的 4 个单元格的总称。

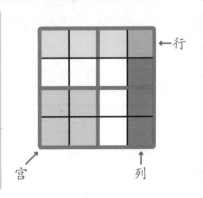

←行

宫 ↗   列 ↑

应用

①行列排除法：

根据同行、同列内不能出现重复数，但某个数必须在某个区域出现，来判定某个区域中某个数的位置。

②唯一数法：

某一行、某一列如果只缺一个数，那么这个数会被唯一确定，直接将缺的数填入空格即可。

卷纸金字塔

唉……要不要告诉爸爸妈妈呢……

哥哥，我想玩埃及探险的游戏，你来扮演狮子吧!

好，好。

我得先把试卷藏起来，不能被他们发现。

那个罐子好久不用了，先藏在罐子里吧!

还缺一只狮子，我把爸爸叫来!

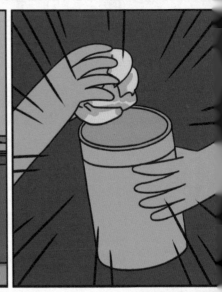

客厅里

现在，悠悠公主下达第一个命令，那就是搭建一座金字塔!

1 2 3 4 5 6 7 6 5 4 3 2 1

8

这些卷纸就是我们的"金砖"，一共48块，你们赶快照着图纸搭建吧！

这些"金砖"够不够啊？

我数数图纸上有多少块金砖，1、2、3……

不用数，只要用金字塔数列公式，一算就知道了！

金字塔数列是什么？

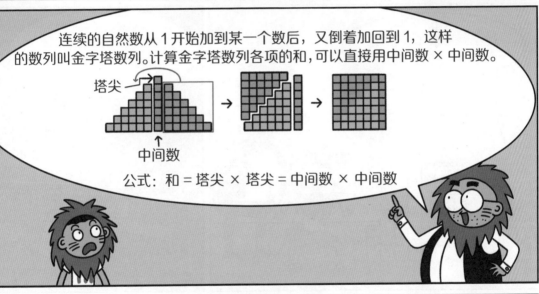

连续的自然数从1开始加到某一个数后，又倒着加回到1，这样的数列叫金字塔数列。计算金字塔数列各项的和，可以直接用中间数 × 中间数。

塔尖

中间数

公式：和 = 塔尖 × 塔尖 = 中间数 × 中间数

我知道了，这个金字塔数列为：1、2、3、4、5、6、7、6、5、4、3、2、1。中间数是7，数列的和是7×7=49，所以需要49块"金砖"！

49块呀……那现在还差1块呢！

$7 \times 7 = 49$

我再去找一卷纸，你们先搭着。

好了，就差最高处那块"金砖"了。

找不到卷纸了，就用这个罐子代替吧！

糟了，这不是我放试卷的罐子吗？

这、这个不合适，还是用别的吧……

踩住尾巴

啊！

飞出去

这里面好像有什么东西。

金字塔数列

概念和公式

连续的自然数从 1 开始加到某一个数后，又倒着加回到 1，这样的数列叫**金字塔数列**。

计算金字塔数列各项的和，可以直接用**中间数 × 中间数**。要注意，中间数必须是最大的那个数，而且只会出现一次。

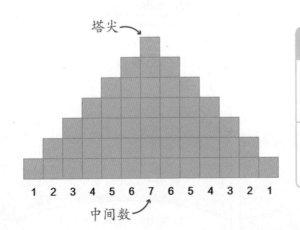

塔尖

1 2 3 4 5 6 7 6 5 4 3 2 1

中间数

计算公式
和 = 塔尖 × 塔尖 = 中间数 × 中间数
中间数 =7，和 =7×7=49。

· 等差数列和等比数列 ·

植树节快到了，我们去爷爷家种树吧。

可是爷爷家有那么多树苗，我们还用自己带树苗去吗？

好！

这是爸爸的朋友森博士新培育的树苗品种，跟普通的树苗不一样，会长得很快哟。

那我要把新买的吊床睡袋拿过去，挂在树上睡觉！

好好好，我们快走吧！

爷爷家

森博士跟我说，这种大叶树苗由于长得更快，需要挖大坑栽种。你们俩谁来种？

我的力气最大，我来种！

现在的吊床都这么高级了？还能睡觉？一会儿我也试试。

4棵树苗都种好喽！

我看看啊……第一天，4棵树苗的高度都是2分米。

你们可以每天做一次记录，把树苗的高度写下来。

第二天早上

快来看！树长高啦！

种下树苗的第二天，4棵树苗的高度都是4分米。

我的这2棵也没有长得很快呀。

我什么时候才能在吊床上睡觉呀？

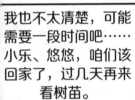

我也不太清楚，可能需要一段时间吧……小乐、悠悠，咱们该回家了，过几天再来看树苗。

爷爷，记录树苗高度的任务就拜托您了，一定要每天记哟！

没问题！

第三天

我的树苗终于比悠悠的高了！

2棵小叶树苗高度：6分米、6分米
2棵大叶树苗高度：8分米、8分米

……

第四天

2棵小叶树苗高度：8分米、8分米
2棵大叶树苗高度：16分米、16分米

是爷爷的视频电话！

丁零零

爷爷，您都已经用上吊床啦！

这吊床睡袋还真舒服，我决定今晚就在这儿睡了。

哈哈哈

第五天

哥哥，多喝牛奶长个儿。

也不知道我们俩谁比较矮！

要是我也能长得像树苗一样快就好了。

等一下！树苗每天的高度你们还记得吗？

你们看，小叶树苗前4天的高度分别是2分米、4分米、6分米、8分米。

而大叶树苗前4天的高度分别是2分米、4分米、8分米、16分米……

我发现规律了，小叶树苗每天的高度比前一天的高2分米。

大叶树苗每天的高度是前一天的2倍！

今天是种下树苗的第五天，照这么推算……

小叶树苗会长到10分米，也就是1米。

大叶树苗会长到32分米，也就是3.2米！

糟了！

14   8+2=10 16×2=32

等差数列和等比数列

概念

按照一定次序排列的一列数叫**数列**。

如果一个数列从第二项起，每一项与它的前一项的**差等于同一个常数**，这个数列叫**等差数列**。（2，4，6，8，10，…）

如果一个数列从第二项起，每一项与它的前一项的**比等于同一个常数**，这个数列叫**等比数列**。（2，4，8，16，32，…）

公式

等差数列	等比数列
从第二项起，每一项都等于第一项加上公差的（$n-1$）倍。（n 为该项的项数。）	从第二项起，每一项都等于第一项乘公比的（$n-1$）次方。（n 为该项的项数。）
$a_n=a_1+（n-1）d$（a_1 是该等差数列的首项，d 为公差，a_n 是该数列的第 n 项。）	$a_n=a_1q^{n-1}$（a_1 是该等比数列的首项，q 为公比，a_n 是该数列的第 n 项。）

大猩猩失踪案

·杨辉三角·

这是爸爸的老师福尔先生的作品，听说他最近在写儿童侦探故事。

应该很有意思。

《大猩猩失踪案》
作者：福尔

"……奇怪的是，大猩猩每周末都去鸭子小姐家学游泳……"

咦，怎么没有结局？

什么？！

爸爸，《大猩猩失踪案》的结局是什么呀？

我也不太清楚，福尔先生没给我看过最后几页。

那怎么办？看不到结局我会睡不着的！

我会吃不下饭……

这样吧，我明天带你们去拜访福尔先生，你们可以亲自问问他。

真的？

太好了！

不好意思，我先去上个厕所，你们在这儿等我一下。

好的。

第二天，福尔先生家

咦，这是《大猩猩失踪案》最新的书稿吧？上面怎么有个三角形……

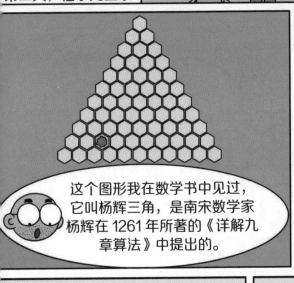

这个图形我在数学书中见过，它叫杨辉三角，是南宋数学家杨辉在 1261 年所著的《详解九章算法》中提出的。

杨辉三角……难道福尔先生暗示凶手和数学有关？

我记得嫌疑人鸭子小姐就是一位数学家。

杨辉三角有什么特点吗？

杨辉三角其实是一些数在三角形中的几何排列。

你们看，这些数的排列是有规律的。三角形的两个腰都是由数 1 组成的，其余的数都等于它肩上的两个数相加。

1
1 1
1 2 1
1 3 3 1
1 4 6 4 1

而且，第 10 行第 3 个数处有一个红点，这可能是什么重要线索。

能算出这个数是多少吗？

当然能！

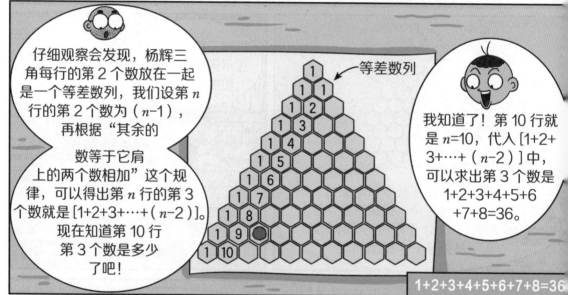

仔细观察会发现，杨辉三角每行的第 2 个数放在一起是一个等差数列，我们设第 n 行的第 2 个数为（$n-1$），再根据"其余的数等于它肩上的两个数相加"这个规律，可以得出第 n 行的第 3 个数就是 [1+2+3+…+（$n-2$）]。现在知道第 10 行第 3 个数是多少了吧！

等差数列

我知道了！第 10 行就是 $n=10$，代入 [1+2+3+…+（$n-2$）] 中，可以求出第 3 个数是 1+2+3+4+5+6+7+8=36。

$$1+2+3+4+5+6+7+8=36$$

36 代表什么呢？

年龄或者日期吧……

说不定是住址！

让你们久等啦！

杨辉三角

概念
杨辉三角是一个由数构成的三角图形，出现在南宋数学家杨辉 1261 年所著的《详解九章算法》一书中。

特征
①除了三角形腰上的数外，其余的数都等于它肩上的两个数相加。
②每行数左右对称，最左和最右都为 1。
③第 n 行有 n 个数，前 n 行有 $[(1+n)\,n \div 2]$ 个数。
④第 n 行所有数的和是 2^{n-1}。
⑤第 n 行第 2 个数为 $(n-1)$。
⑥第 n 行第 3 个数为 $[1+2+3+\cdots+(n-2)]$。

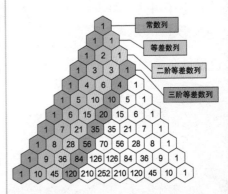

常数列
等差数列
二阶等差数列
三阶等差数列

迷宫大闯关

• 一笔画 •

幼儿组迷宫大闯关

欢迎各位小朋友来参加迷宫大闯关!

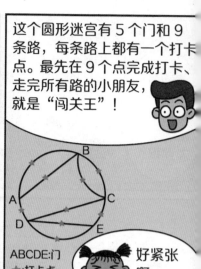

这个圆形迷宫有5个门和9条路，每条路上都有一个打卡点。最先在9个点完成打卡、走完所有路的小朋友，就是"闯关王"!

ABCDE:门
★:打卡点

好紧张啊……

别紧张，学学你哥的乐观精神，上次长跑倒数第一也不在乎。你好好玩就行。

我翻译一下，我那叫友谊第一，比赛第二!

获得"闯关王"的小朋友，可以任选三样大卖场里的商品!

新上架的茶叶!

薯条薯片大礼包!

悠悠，加油!小朋友就是要敢于拼搏，勇争第一!

这是什么意思……

翻译一下，老爸的茶叶和我的零食礼包就靠你了!

我先去那边做赛前准备了……

我们来帮你准备，一定要好好谋划一番!

先别急，磨刀不误砍柴工!

看！这儿有迷宫的俯视图。

这个迷宫是一个封闭图形，如果能完成"一笔画"，就能不重复地一次性走完所有的路。

ABCDE:门
★:打卡点

但是能不能"一笔画"，要看这个图形中的奇点的数量。

什么是……奇点？

用一个简单的封闭图形来举例，与偶数条线相连接的点叫偶点，与奇数条线相连接的点就叫奇点。

○ 偶点　● 奇点

把迷宫的5个门看作5个点，是这样的……

○ 偶点　● 奇点

当然有用，有0个或2个奇点的图形可以完成"一笔画"；当奇点有2个时，要以一个奇点为起点，另一个奇点为终点。所以A点和E点就是入口和出口。

奇点有2个，偶点有3个……知道这些有什么用吗？

ABCDE:门

参赛的小朋友们已经从不同入口进入了迷宫，大家跑得都很快啊！

肯定是刚刚讨论得太入神，没听见口令。

都怪你们，耽误我的时间！

比赛已经开始了？我们怎么没注意到？

ABC

一笔画

判断是否能不重复地一次性走遍每条路的问题，就是**一笔画问题**。

	偶点	奇点
概念	图形中与偶数条线相连接的点叫**偶点**。	图形中与奇数条线相连接的点叫**奇点**。

一笔画定律

①必须是**连通**的图形。
②**全由偶点**组成（有零个奇点）的图形可以一笔画。
③**有两个奇点**的图形可以一笔画，画的时候从一个奇点出发，以另一个奇点为终点。
④奇点个数是一个或超过两个时，不能一笔画。

爷爷，什么时候开始烧烤啊，我都等不及了！

我要吃好多好多肉！

你们两只小馋猫，从上周就一直念叨！放心吧，食材都准备好了，一会儿就烤！

我肚子不舒服，去趟厕所，你们先去帮爷爷准备食材。

一到干活就上厕所……

咦，烧烤用的肉呢？怎么一块都找不到？

哎呀！我昨晚请老张吃饭，把烧烤用的肉都给炖了……

什么？！

那怎么办？这里离超市远，没法马上买到肉啊！

要不这样吧，爷爷刚才穿了一个超长的大蒜辣椒串，但不小心弄掉了几个。

这上面大蒜和辣椒的排列是有规律的，你们谁能帮爷爷把掉的那部分补上，小黄鱼就给谁吃。

好吧。

这个方法公平。

1瓣大蒜、1个辣椒，1瓣大蒜、2个辣椒，1瓣大蒜、3个辣椒……

什么规律呢？

我发现规律了，大蒜的数量一直是1，辣椒的数量每次增加1。所以最后的两部分是1瓣大蒜、4个辣椒，以及1瓣大蒜、5个辣椒，签子上缺的依次是辣椒、辣椒、大蒜、辣椒。

补上的

悠悠真厉害！答对了！

看来我今天是吃不到肉了。

唉，谁让我是善良的悠悠小仙女呢！要不，鱼头和鱼尾就给你吃吧！

真的？那我就不客气了！

这才对嘛，好东西要分享！

图形的排列规律

概念

　　图形可以按照不同的颜色有规律地排列，不同类别的事物也可以有规律地排列。在进行推理时，需要先根据**已有图形**的排列方式找出变化规律，再按照这个规律推理出**新的排列顺序**。

解题思路

①观察给出部分的排列规律，大蒜的数量一直是1，辣椒的数量每次增加1，两种食材交替排列。

②已有：1瓣大蒜、1个辣椒，1瓣大蒜、2个辣椒，1瓣大蒜、3个辣椒，后面两组应该是1瓣大蒜、4个辣椒，以及1瓣大蒜、5个辣椒。

③按此规律补上缺少的部分：辣椒、辣椒、大蒜、辣椒，并检查是否能够正确地和前后衔接。

老麦！麦小乐！赶紧起来大扫除！居然窝在沙发上睡了一夜，真不知道怎么说你们！

好难受……我才睡了一个多小时，早知道不和老爸熬夜看球了。

我比你还难受呢。赶紧去卫生间拿工具，干完活再睡……

卫生间

怎么这么亮？！

你老妈这勤快得有点过头了……

咦，洗手间重新布置了吗？怎么跟我平时看到的不太一样呢。

找到规律，用指针摆出正确图案，就可以掌控时间。

掌控时间？也就是说我们可以自己安排时间喽？

这应该是你老妈设置的谜题，解开了有奖，解不开可能会惩罚我们把整个家都打扫一遍。

不过，如果真可以掌控时间，我就规定以后大家都在晚上上班。

那我要让小孩子每天只上一小时的学。

如果破解失败，就会被时间怪物吃掉。

？

，用指针摆出正就可以掌控时间。

怎么还有大怪兽？

不要管那些了，我来试试。

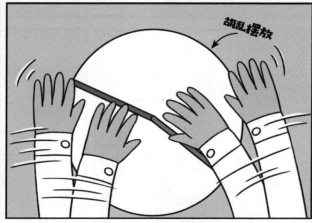

胡乱摆放

警报响起

怪兽要来啦，怎么办，我们出不去了！

别着急，我们沉下心来，一定可以破解谜题。

最后一个图形一定和前四个图形有关联，再仔细看看。

我们再找不出规律，就要被怪兽吃掉了。

碎碎！

你看，红色指针和蓝色指针的角度发生了改变，它们在绕着中心点进行旋转。

蓝色指针每次都顺时针旋转 45 度。

红色指针每次都顺时针旋转 90 度。

好像真的是这样！老爸好厉害！

我们以第 4 个图形为基础，红色指针再顺时针旋转 90 度……应该指向上方。

蓝色指针再顺时针旋转 45 度，应该指向右上角……

解开了！

图形的运动规律

概念

　　某些图形通过运动会产生新的图形。我们可以根据已有图形找出其运动变化的规律，再按照规律推理出新的图形。

类型

平移	旋转	对称
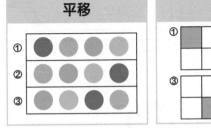	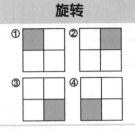	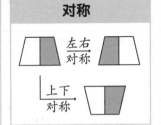

结论

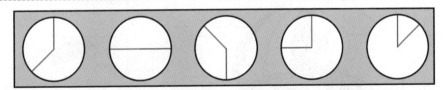

蓝色指针：每次顺时针旋转 45 度。　　**红色指针**：每次顺时针旋转 90 度。

• 平年和闰年 •

我有一个刚回国的老同学要来家里拜访，你们快准备一下。

老爸，今天是什么日子啊，怎么做这么多菜？

快欢迎张叔叔。

你们一定就是小乐和悠悠吧！

张叔叔好！欢迎您来我家做客。

你们好啊！初次见面，这是叔叔给你们带的礼物。

谢谢叔叔！

等会儿再拆，先吃饭，菜马上就凉了。

你们张叔叔上学时可是学霸啊！尤其是数学，就没有他不会的题。

夸张了，老麦。

张叔叔，您真厉害！

真的吗？

真怀念咱们上学的时候啊！

是啊，一眨眼，咱们都是30多岁的人了，我一过生日就害怕。

张叔叔，我也想当学霸！您是不是有什么学习秘诀啊？

我也想知道学习秘诀！

学习秘诀啊？欸，正好考你们一个问题，答对了我就告诉你们。

我今年30多岁，出生那天算第一个生日，一共只过了9个生日。你们猜猜我的出生日期是哪天？

只过了9个生日，说明生日不是年年都有，而是隔几年才会出现一次。

啊？还有这样的日子？

嗯，只能是闰年才有的2月29日。

没错，那我是哪一年出生的呢？

这个……我忘了闰年出现的规律了。

闰年的年份数能被4整除；年份是整百数时，则必须是400的倍数。

我明白啦！现在是2023年，无法被4整除，所以是平年；2021也无法被4整除，2020……

2020正好能被4整除，所以张叔叔是在2020年过的第9个生日。

33

2020 - 4 × (9 - 1) = 1988，张叔叔，您是 1988 年出生的！

张叔叔，您的出生日期是 1988 年 2 月 29 日！

站起

哈哈哈！

2020-4 × （9-1）=1988

答对啦！你们真棒！

张叔叔，快告诉我们学习秘诀吧！

秘诀就在我给你们带的礼物里。

靠近

学习秘诀我来啦！

嘿嘿，到底是什么呢？

期待

平年和闰年

<table>
<tr><td rowspan="2">概念</td><td colspan="2">闰年是为了弥补因人为历法规定造成的年度天数与地球实际公转周期的时间差而设立的。补上时间差的年份为闰年。</td></tr>
<tr><td>

平年

一年共有 **365** 天。

2 月只有 **28** 天。

</td><td>

闰年

一年共有 **366** 天。

2 月有 **29** 天。

</td></tr>
</table>

判断方法

①年份数能**被 4 整除**便是闰年。

②年份是**整百数**时，必须是 **400 的倍数**才是闰年；不是 400 的倍数的世纪年，即使是 4 的倍数也不是闰年。

（例如 2020 年是闰年，1900 年不是闰年，2000 年是闰年。）

③口诀：**四年一闰，百年不闰，四百年再闰。**

漏洞百出的日记

• 今天星期几 •

爸爸，您看！悠悠把家里的日历本撕了，我都不能用了！

我撕掉日历的 10 月、11 月两页，折成小鸟送给好朋友了。

可这两个月已经过去了呀，日历也没用了，我是想节约纸张嘛……

悠悠说的有点道理，这是废物利用。麦小乐，现在都 12 月了，你为什么要看 10 月的日历？

嗯……我在补 10 月份的日记，可是我不记得 10 月 1 日是星期几了。

哦，原来哥哥是没完成作业，还倒打一耙。

嘿嘿……爸爸，您拿手机帮我看看 10 月 1 日是星期几呗。

不能这么轻易地告诉你。这样吧，我给你一个提示，你需要自己推导出 10 月 1 日是星期几。这就是对你不好好写日记的惩罚。

好吧……

听好了，提示就是——10 月份有 5 个星期六和 4 个星期日。

这算什么提示？太难了吧！算了，我不交日记了，大不了被老师批评一顿……

哥哥好可怜啊，爸爸，您再给他点提示吧。

那好吧，你们知道 10 月份一共有多少天吗？

我看看。

1、2、3……30、31 天！

我想起来了，"一三五七八十腊，三十一天永不差。" 10 月份有 31 天。

不错，那一周有几天呢？

这可太简单了，7 天呗。

爸爸，不要再卖关子了，您到底想说什么啊？

一周有 7 天，7 天就是一个周期。31 天里面至少会有 4 个星期六和 4 个星期日。而 10 月份有 5 个星期六和 4 个星期日，这意味着什么？

意味着我可以少上一天幼儿园！

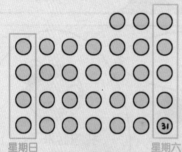

星期日　　　　星期六

我知道了，星期六后面就是星期日，10 月份的星期六比星期日多 1 个，证明星期六是 10 月的最后一天——10 月 31 日！

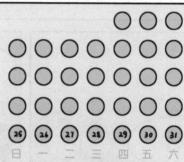

日　一　二　三　四　五　六

没错！哥哥，31 日是星期六，只要从 31 倒着往前数就行啦！"六、五、四、三、二、一、日"，这是一个完整的周期。

$$31 \div 7 = 4 \cdots\cdots 3$$

六 五 ④ 三 二 一 日

用总天数 31 天除以周期——7 天，有 4 个整周期，还会余下 3 天；余下的 3 天对应周期内的星期六、星期五、星期四，第 3 天就是星期四。

所以，10 月的第一天是星期四，我终于可以完成日记喽！

麦小乐卧室

麦小乐，10月1日是国庆节，你明明放假在家，这日记为什么写的是学校发生的事？

糟糕！我抄错了！

原来哥哥不仅不按时写日记，还胡编乱造，这样可不好哟。

10月1日 星期四 晴

今天课间发生了一件有趣的事……

今天星期几

天数	1月、3月、5月、7月、8月、10月、12月	31天
	4月、6月、9月、11月	30天
	平年的2月	28天
	闰年的2月	29天

月份歌

一三五七八十腊（12月），
三十一天永不差。
四六九冬（11月）三十天，
只有二月二十八。
每逢四年闰一日，
一定要在二月加。

解题思路

已知10月31日是星期六，推测10月1日是星期几，可以用求周期的方法。

从星期六开始倒着数，7天为一个周期。
（周期为：星期六、星期五、星期四、星期三、星期二、星期一、星期日）

用总天数除以周期的7天，即 $31 \div 7 = 4……3$。

余数是3，对应周期内的第3天，即星期四。所以10月1日是星期四。

老爸，您的手机让我们玩玩吧！

不行，老爸正忙着呢！

忙着刷搞笑视频啊！

什么话，老爸这是在学习怎么写搞笑段子！

老爸，您真搞笑。

咱们可是有约定的啊，不看完书不准玩手机！你们看完书了吗？

没有。可是我们已经看了一下午了，学习要劳逸结合，就让我们玩一会儿吧！

老爸，求求您啦，就玩一会儿。

好啦，咱们玩个游戏，如果你们赢了，老爸就把新买的手机给你们玩一会儿。

万岁！

点头

这里有 10 个硬币，咱们轮流拿，每次只能拿 1 个或 2 个。谁拿走最后一个硬币，就算谁赢。

好，我先来。

游戏结束

你输了！

三局两胜！

什么时候说三局两胜了？

那也没说一局定胜负啊！

对，三局两胜才公平！

第二局开始

行，老爸再陪你玩一局！反正你也赢不了。

老爸，这次我先拿。

不行，上局是我赢的，所以这局还应该是我先拿。

第二局结束

这下你们总得认输了吧！

才没有！老爸，该我啦！

最后一个硬币

有你什么事儿啊？

我和哥哥是一个团队，您得赢了我俩才算赢。

游戏开始

放心吧，你也赢不了。

老爸，女士优先，我要先拿。

不行，上局是我赢的，应该我先……

老爸，我怎么感觉您有点害怕我们先拿呢？

怎……怎么会呢！

妹妹！我们被他骗了！只要他先拿走1个，我们怎么都赢不了。

什么？！

怎么可能嘛！游戏都是有赢有输，怎么会有人一直赢呢！

刚刚我就看出来了，除去老爸开始拿的那1个，每当轮到我时，我拿1个，老爸就会拿2个，我拿2个，老爸就会拿1个。

也就是说，你俩每一轮都一共拿了3个。

对！这里一共有10个硬币，先拿走1个还剩9个，我们恰好能进行9÷3=3（轮）。

$(10-1) \div (1+2) = 3$

天哪，最后1个硬币肯定是他拿啊！

老爸，您骗人！骗人算输！

老爸，快把手机拿来！

竟然被你们看穿啦！好，等着我，我把新手机拿给你们玩。

好棒！

必胜法则

取余致胜法

　　两人轮流取若干个物品，每轮最少取 1 个，最多取 n 个，取走最后一个的胜。

　　若总数 ÷（1+n）**没有余数**，则**后手必胜**，后手只需要每轮和先手凑成（1+n）个；

　　若总数 ÷（1+n）**有余数**，则**先手必胜**，先手第一次先拿走余数个，之后再在每轮和后手凑成（1+n）个。

解题思路

在本题中，每轮最少取 1 个，最多取 2 个，总数是 10 个。

→

$10 ÷（1+2）=3……1$，有余数，所以先手有必胜策略。

先拿走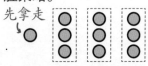

→

先手先取走 1 个，接下来每轮都和对方凑成 3 个。

图书在版编目（CIP）数据

数学超有趣. 第7册, 找规律 / 老渔著. — 广州：
新世纪出版社, 2023.11
ISBN 978-7-5583-3969-1

Ⅰ. ①数… Ⅱ. ①老… Ⅲ. ①数学－少儿读物 Ⅳ.
①O1-49

中国国家版本馆CIP数据核字（2023）第180014号